essentials

essentials liefern aktuelles Wissen in konzentrierter Form. Die Essenz dessen, worauf es als „State-of-the-Art" in der gegenwärtigen Fachdiskussion oder in der Praxis ankommt. *essentials* informieren schnell, unkompliziert und verständlich

- als Einführung in ein aktuelles Thema aus Ihrem Fachgebiet
- als Einstieg in ein für Sie noch unbekanntes Themenfeld
- als Einblick, um zum Thema mitreden zu können

Die Bücher in elektronischer und gedruckter Form bringen das Expertenwissen von Springer-Fachautoren kompakt zur Darstellung. Sie sind besonders für die Nutzung als eBook auf Tablet-PCs, eBook-Readern und Smartphones geeignet. *essentials:* Wissensbausteine aus den Wirtschafts-, Sozial- und Geisteswissenschaften, aus Technik und Naturwissenschaften sowie aus Medizin, Psychologie und Gesundheitsberufen. Von renommierten Autoren aller Springer-Verlagsmarken.

Weitere Bände in der Reihe http://www.springer.com/series/13088

Stefan Zeisel

Big Data und Data Science in der strategischen Beschaffung

Grundlagen – Voraussetzungen – Anwendungschancen

Springer Gabler

Stefan Zeisel
Hochschule Niederrhein
Mönchengladbach, Deutschland

ISSN 2197-6708   ISSN 2197-6716   (electronic)
essentials
ISBN 978-3-658-31201-5   ISBN 978-3-658-31202-2   (eBook)
https://doi.org/10.1007/978-3-658-31202-2

Die Deutsche Nationalbibliothek verzeichnet diese Publikation in der Deutschen Nationalbibliografie; detaillierte bibliografische Daten sind im Internet über http://dnb.d-nb.de abrufbar.

Planung/Lektorat: Susanne Kramer
Springer Gabler ist ein Imprint der eingetragenen Gesellschaft Springer Fachmedien Wiesbaden GmbH und ist ein Teil von Springer Nature.
Die Anschrift der Gesellschaft ist: Abraham-Lincoln-Str. 46, 65189 Wiesbaden, Germany

Was Sie in diesem *essential* finden können

- Eine kurze Einführung in das Thema Big Data und die Bedeutung für die Beschaffung
- Einen Überblick über die verschiedenen relevanten Datenquellen für Big Data in der strategischen Beschaffung
- Die wichtigsten analytischen Methoden, die für die Beschaffung bedeutsam sind
- Die Auswirkungen von Big Data auf die Beschaffungsteams und die notwendigen neuen Kompetenzen für Mitarbeiter
- Ein Kurzporträt von 30 Big-Data-Anwendungsfällen für den strategischen Einkauf sowie einen Diagnosefragebogen als Startpunkt

Vorwort

Die Welt ist im Wandel. Verschiedene gesellschaftliche und technologische Megatrends verändern unsere Zukunft. Einer der wichtigsten Trends ist dabei die immer stärkere Durchdringung unseres Lebens mit IT-Technologie. Dinge, die vor 20 Jahren noch undenkbar waren, sind heute Realität und weitere komplexe IT-Anwendungen gestalten die Welt um uns herum immer mehr: Schachcomputer, die Weltmeister schlagen, Smartphones, die simultan fremde Sprachen übersetzen oder autonom fahrende Fahrzeuge, die sich scheinbar mühelos durch dichten Verkehr bewegen. Für Unternehmen ist die digitale Revolution natürlich auch ein wichtiges Thema, mit dem man sich auf allen Hierarchieebenen fortwährend auseinandersetzen muss.

Ist die Digitalisierung einmal erfolgreich umgesetzt, stellt sich die Frage, welchen Mehrwert die elektronische Datenverarbeitung neben einer reinen Effizienzsteigerung noch hat. Durch das fortwährende Wachstum der zur Verfügung stehenden Daten und die gleichzeitig noch geringe Nutzung für tiefergehende Analysen – Experten sprechen von nur ca. 1 % – entsteht für Unternehmen, die sich frühzeitig diese Entwicklung zunutze machen, eine riesige Chance, Wettbewerbsvorteilen zu erlangen. Genau hierauf bauen Big Data und Data Science auf: digitale Vorreiter sitzen auf einem Datenschatz, den es zu heben gilt. Laut einer Studie von DXC Technologies rangiert Big Data unter den Top 5 Zielen der digitalen Agenda von Unternehmen, knapp hinter IT-Sicherheit, die von 49 % der Befragten als wichtig oder sehr wichtig eingeschätzt wird sowie digitaler Prozessautomatisierung und -optimierung, die für 47 % der Befragten wichtig bis sehr wichtig ist, kommt Big Data mit 46 % Zustimmung auf Platz 3 (DXC Technology 2018).

Was für ganze Unternehmen gilt, stimmt natürlich auch für die einzelnen Unternehmensbereiche. Aber was genau bedeutet dies eigentlich für den strategischen Einkauf? Welche potenziellen Anwendungsfälle von Big Data gibt es wirklich in der Beschaffung? Welche Daten werden dafür benötigt? Welche Data-Science-Methoden sind relevant? Und was heißt das für die Beschaffungsteams? All diese Fragen soll dieses Essential praxisnah beantworten.

Ein besonderer Dank richtet sich an meine Kollegen Prof. Willi Muschinski und Prof. Alexander Koch für viele hilfreiche Hinweise und Ideen, die zum Gelingen dieses Essentials beigetragen haben. Ebenso danken möchte ich meiner Kollegin Birgit Lankes, mit der ich seit vielen Jahren einen Masterkurs zur Beschaffungs-IT anbiete, für Ihre Anregungen zum Verfassen dieses Werkes. Des Weiteren möchten ich mich beim Springer Verlag für die Chance bedanken, dieses Essential einem breiten Leserkreis anbieten zu können. Bei Herrn Felix Giskes bedanke ich mich für das finale Korrekturlesen. Außerdem möchte ich mich für die moralische Unterstützung meiner Familie in der besonderen Corona-Zeit bedanken.

Zuletzt danke ich den Leserinnen und Lesern für ihr Interesse. In der Folge wird jedoch aus Gründen der Lesefreundlichkeit auf eine geschlechterspezifische Ansprache verzichtet.

Ich wünsche umfassende Erkenntnisse und Ideen sowie neue Impulse für die praktische Umsetzung und freue mich auf den Austausch mit Ihnen.

Mönchengladbach   Stefan Zeisel

Inhaltsverzeichnis

Einleitung 1

In der schnelllebigen Zeit mit gestiegener Komplexität und großen Unsicherheiten sowie hoher Volatilität in Kunden- und Lieferantenmärkten ist eine gute Beschaffungsstrategie wichtiger denn je. Dabei ist die Bedeutung der Beschaffung schon heute für viele Unternehmen sehr hoch – nicht nur aufgrund des hohen finanziellen Hebels, sondern auch, weil der Einkauf über den Lieferantenmarkt eine wichtige Schnittstelle über die Unternehmensgrenzen hinaus koordiniert und damit Trends und Innovationen schnell erkannt werden können. Zudem sorgt ein professioneller Einkauf auch dafür, dass Lieferantenrisiken frühzeitig abgefedert werden, oder besser gar nicht erst auftreten. Trotzdem steht die Beschaffung vor diversen Herausforderungen. Zum einen muss die Pipeline an Einsparungen fortwährend gefüllt werden (Zeisel 2018b), zum anderen kommt eine Vielzahl von neuen Aufgaben auf den Einkauf zu. Solche Sonderthemen können aus neuen rechtlichen Anforderungen resultieren oder z. B. durch Störungen der immer komplexeren und fragilen internationalen Lieferketten. Weiterhin müssen neue Aufgaben zur Sicherung der Corporate Social Responsibility, dem Rohstoff-Hedging sowie zum begleitenden Innovationsmanagement übernommen werden. Gleichzeitig ist die Beschaffungsabteilung nicht ausgenommen von dem steigenden Effizienzdruck, der auch auf alle weiteren Verwaltungsfunktionen in Unternehmen ausgeübt wird (Zeisel 2018a). Die Zeiten, in denen ein Inflationsausgleich dem Budget für die Einkaufsdienstleistung hinzugefügt wurde, sind für Fortune 500 Einkaufsorganisationen passé. Vielmehr muss das Budget auf der alten Höhe – und damit ohne Inflationsausgleich – verteidigt oder sogar Einschnitte hingenommen werden. Wie kann man all diesen Aufgaben am besten gerecht werden? Eine große Chance bieten hier Big Data und Data Science, welche einerseits die Effizienzmöglichkeiten von Digitalisierung ausnutzen, aber eben auch in der Lage sind, effektive neue Lösungen aufzuzeigen.

Hier soll deshalb zunächst die Grundidee von Big Data erläutert werden. Daraus abgeleitet stellt sich die Frage, was Big Data für die Beschaffung bedeutet und beitragen kann. Um die notwendigen Daten für Big-Data-Anwendungen zu erhalten, bedarf es eines Big Data Warehouse. Die verschiedenen Quellen dafür werden im zweiten Kapitel aufgezeigt. Im dritten Kapitel stehen die Data-Science-Methoden im Zentrum, die für die strategische Beschaffung zunehmend an Relevanz gewinnen. Danach wird der Einfluss von Big Data und Data Science auf die Beschaffungsteams aufgezeigt. Im fünften Kapitel leiten sich dann aufbauend auf den gewonnen Daten, den analytischen Methoden und den Teamfähigkeiten 30 praktische Anwendungsfälle ab. Einige dieser Anwendungsfälle können vergleichsweise einfach umgesetzt werden – andere bedürfen einer umfassenden Datensammlung und der Nutzung komplexer mathematischer Algorithmen.

Die Bedeutung von Big Data in der Beschaffung 2

2.1 Die Grundidee von Big Data

Big Data ist ein Modewort und Hype mit mehr als hundert Millionen von Suchanfragen pro Jahr bei Google (Geraint 2016). Basierend auf der Prognose, dass sich die globale Datenmenge ca. alle zwei Jahre verdoppelt, entstehen neue ungeahnte Möglichkeiten. Einige Schätzungen gehen sogar davon aus, dass 90 % aller erzeugten Daten in den letzten zwei Jahren entstanden sind. In diesem Umfeld taucht die Idee der Nutzung dieser großen Datenmengen – Big Data – auf. Die Definition von Big Data wird häufig durch Alliterationen des Buchstabens „V", basierend auf den Merkmalen als „vier V's" beschrieben: Volumen (extreme Datenmengen), Varietät (verschiedene Datenformate), Velozität (schnelle Veränderung von Daten) und Value (Mehrwert, der sich durch die Daten genieren lässt). Diese Definition wird weitgehend genutzt und spiegelt sowohl die Chance, aber auch die Herausforderung wider, die sich in den großen Datenmengen findet (Chen et al. 2014, S. 173). Manchmal wird auch ein weiteres „V" für die Validität, d. h. den Wahrheitsgehalt der Daten, hinzugenommen.

Grundsätzlich ist die Idee der Datennutzung mit analytischen Methoden nicht ganz neu, sondern hat sich schon in den 80er Jahren – damals unter dem Begriff des Data Warehousing und dann später in 1990er Jahren unter dem Begriff des Data Mining – sukzessive entwickelt. Die Datenverfügbarkeit und die Datenmengen haben sich in den letzten zwei Jahrzehnten jedoch deutlich verändert. Es gibt eine Reihe von Problemen, die gelöst werden müssen, um erfolgreich mit Big Data zu arbeiten. Dazu gehören die verschiedene Herkunft der Daten und damit verbunden die Gefahr der Datenredundanz, die Datenaktualität, der Datenschutz, der hohe Energieverbrauch von großen Datenbanken, die fachübergreifende Zusammenarbeit, um komplexe Fragestellungen

S. Zeisel, *Big Data und Data Science in der strategischen Beschaffung*, essentials, https://doi.org/10.1007/978-3-658-31202-2_2

zu lösen, und effiziente Softwaretools zur Datenbeherrschung. Einige der Beschränkungen von klassischen, relationalen Datenbanken lassen sich mit neuen Software-Werkzeugen, z. B. NO SQL-Datenbanken (Cassandra oder Mongo DB) sowie MapReduce Algorithmen und Hadoop lösen (Chen et al. 2014, S. 186 ff.). Somit wird es möglich, durch neue kosteneffiziente und innovative Formen der Informationsverarbeitung, große und teils unstrukturierte Daten zu verarbeiten.

Auch in der populären Science-Fiction-Literatur hat das Thema Big Data bereits Eingang gefunden. So entwirft der Bestseller-Autor Robert Harris in seinem Thriller „Angst" ein Zukunftsszenario, in dem ein mathematischer Algorithmus erfolgreich Aktienbewegungen prognostiziert und damit profitable Spekulationen ermöglicht.

Aber inwieweit findet man heute schon Big-Data-Anwendungen in Unternehmen? Eine der ersten breiten Anwendungen von Big Data war Google Flu Trends, die die grippeartige Krankheitsverbreitung in der Bevölkerung über die Suchanfragen von Nutzern prognostiziert hat. In einigen Grippesaisons hat Google Flu dabei gute Prognosen erstellt, es gab aber auch eine beschränkte Zuverlässigkeit bei anormalen Saisons (Huberty 2015, S. 40 f.). Bis jetzt finden sich solche interessanten Ansätze aber nur bei den innovativsten Unternehmen, insbesondere den Technologie-Giganten wie Google, Facebook oder Amazon.

Und damit stellt sich die Frage, wie alle Unternehmen von dieser Chance profitieren können. Eine Untersuchung des MIT Sloan Management Review und des IBM Institute for Business Value unter 3000 Managern und Analysten in 30 verschiedenen Industrien und mehr als 100 Ländern bestätigte empirisch, dass erfolgreiche Unternehmen Analytik fünf Mal mehr nutzen als weniger erfolgreiche Unternehmen (LaValle et al. 2011). Auch die Unternehmensberatung McKinsey & Company beschreibt Big Data als ein starkes Instrument für Innovation, Wettbewerbsvorteile und Produktivität. McKinsey zeigt enormes Potenzial auf, wie z. B. 300 Mrd. USD Einsparungen in der U.S. Medizinindustrie oder einen Anstieg der Profitabilität für den Einzelhandel um mehr als 60 % (Manyika et al. 2011).

2.2   Big Data in der Beschaffung

Im Marketing- und Vertriebsbereich gibt es bereits eine Vielzahl von Ideen wie Big Data eingesetzt werden kann, z. B. bessere Marktsegmentierung, Optimierung von Marketing Budgets, Beschleunigung von Wachstum und Preisoptimierung. Demgegenüber wurde die Nutzung von Big Data für die strategische

Beschaffung bislang kaum untersucht. Dabei haben gerade Marketing und Vertrieb auf der einen Seite und Beschaffung auf der anderen Seite viele Gemeinsamkeiten. Und so gibt es eine Reihe von Möglichkeiten, wie auch die Beschaffung von Big Data profitieren kann:

- mehr Transparenz, z. B. die Entscheidungsfindung bezüglich des Bestandsmanagements entlang der Supply Chain
- Anomalitäten entdecken, z. B. Identifikation von Betrugsfällen oder das Aufdecken von Performance-Lücken durch besseres Benchmarking
- Segmentierung und Klassifizierung von Lieferanten
- generell bessere Entscheidung durch vereinfachte und verbesserte Aufbereitung von Daten, z. B. automatische Analysen und bessere Visualisierung von Daten
- Schaffung von Innovationen, d. h. komplett neue Business-Modelle oder neue Produkte und Dienstleistungen (Ji 2017, S. 185)
- Identifikation und Analyse von Maverick Buying
- bessere Steuerungsmöglichkeiten durch treffsicherere Einkaufsstrategien, z. B. auf Warengruppenebene.

Eine etwas breitere wissenschaftliche Diskussion zu Anwendungsmöglichkeiten von Big Data gibt es im Supply Chain Management bzw. der Logistik. Eine Meta-Analyse zum Thema Big Data in der Supply Chain und Logistik identifizierte 88 Artikel im Zeitraum von 2011–2017. Darin sind auch vereinzelte Ansätze mit einem Beschaffungsbezug enthalten. Genannte Themen waren dort die Lieferantenauswahl, die Kostenoptimierung und das Lieferantenrisikomanagement (Nguyen et al. 2018). Trotz der hohen Erwartungen in Bezug auf Big Data, haben bislang erst ca. 17 % der Unternehmen derartige Anwendungen in ihren Lieferketten implementiert (Nguyen et al. 2018, S. 254).

Beschaffungsdigitalisierung und weitere Quellen als Datengrundlage 3

Mit der Beschaffungsdigitalisierung können verschiedene Einkaufsziele unterstützt werden. Primär erreicht man durch Beschaffungsdigitalisierung schnellere, stabilere und standardisierte Prozesse und damit in Summe mehr Effizienz sowie eine geringere Fehlerhäufigkeit. Schon heute sind Einkaufsorganisationen u. a. durch die Digitalisierung deutlich effizienter geworden. Ging man früher von einem Benchmark-Wert von 1 % des Einkaufsvolumens aus, so beträgt das Einkaufsbudget bezogen auf das verwaltete Einkaufsvolumen gegenwärtig im Schnitt ca. 0,8 %. In einigen Sektoren kann der Wert sogar bei 0,7 % oder gar 0,5 % liegen (Nowosel et al. 2015, S. 5). Dieser Benchmark-Wert schwankt natürlich je Sektor und Unternehmensgröße. Durch eine enge Verbindung und digitale Integration von Lieferanten lässt sich mehr Transparenz in der gesamten Lieferkette erzeugen. Bessere Datenqualität und Datenverfügbarkeit in der gesamten Lieferkette verbessert dann die Entscheidungsprozesse. Diese wiederum können zu höheren Einsparungen und lieferantenseitig unterstützten Innovationen führen. Insgesamt agiert die Beschaffung durch erfolgreiche Digitalisierung vernetzter – sowohl mit Lieferanten als auch mit Abteilungen im eigenen Unternehmen (Pellengahr et al. 2016, S. 19 ff.).

Die Digitalisierung begleitet die Beschaffung schon seit Längerem. So hatte man sich in den 1990er Jahren in der Beschaffung sehr schnelle Fortschritte in der Digitalisierung von Beschaffungsprozessen erhofft. Fokus war damals der Datenaustausch zwischen Unternehmen unter dem Begriff Electronic Data Interchange bzw. EDI für direkte Materialien. Die tatsächlichen Entwicklungen blieben aber hinter den ursprünglichen Erwartungen deutlich zurück (Trent und Monczka 1998, S. 7). Auch heute leben manche Unternehmen immer noch in einer analogen Vergangenheit, obwohl sich die Möglichkeiten zur Beschaffungsdigitalisierung deutlich verbessert haben.

3.1   Digitalisierung und Einkauf 4.0 in der Beschaffung

Die Beschaffungsdigitalisierung lässt sich dabei in 3 Wellen charakterisieren (Koch et al. 2017b):

1. Prozessoptimierung, die vor allem den operativen Einkauf betrifft und Effizienzverbesserungen erzeugt
2. Digitalisierung der strategischen Beschaffung mit Effizienz- und Effektivitätsfortschritten
3. Big Data und Data Science in der Beschaffung, die zu verbesserter Entscheidungsfindung führt.

In der ersten Welle steht die Effizienzsteigerung durch Prozessoptimierung im Vordergrund. Erste Ansätze, den Informations- und Warenfluss des Unternehmens mit Hilfe von ERP-Systemen zu digitalisieren, gab es bereits in den 80er Jahren. Dies hat wiederum große Auswirkungen auf den Purchase-to-Pay-Prozess bzw. die Automatisierung des Bestellwesens. Mit fortschreitender Digitalisierung wurden mit Beginn der 2000er Jahre auf Basis der Internettechnologie auch für indirekte Materialien Purchase-to-Pay-Applikationen entwickelt, die eine weitgehende Automatisierung der repetitiven Beschaffungsprozesse ermöglichten. Um die Effizienzpotenziale voll auszuschöpfen, sollte der komplette Bestellprozess, also die Schritte von der Bedarfsanforderung bis hin zur Zahlungsabwicklung, integriert in einer Software abgebildet werden. Relevante Gestaltungsfelder mit hohen Effizienzpotenzialen sind beispielsweise die Bestellanforderung über Katalogsysteme (Sell-Side Kataloge, Buy-Side Kataloge, Marktplätze), der unternehmensinterne Genehmigungsprozess, die Bestellung in Richtung des Lieferanten, die Auftragsbestätigung sowie die Rechnungs- und Reklamationsabwicklung. Die meisten repetitiven Einkaufsprozesse werden im operativen Einkauf ausgeführt, weshalb sich in diesem Bereich die größten Effizienzpotenziale realisieren lassen. Insbesondere größere Unternehmen unterstützen oft bereits mehrere Prozessschritte durch digitale Anwendungen. Allerdings finden sich häufig aufgrund historisch gewachsener Strukturen in den Unternehmen verschiedene parallel betriebene, nicht integrierte IT-Lösungen. Solche Insellösungen hemmen den Vorteil, den eine komplette harmonisierte Digitalisierung bringen könnte. So gibt es zum Beispiel bei Insellösungen keine gemeinsamen Stammdaten, was einen Datenabgleich und Auswertungen erheblich erschwert. Mitarbeiter müssen gleiche Datenfelder in unterschiedlichen Systemen doppelt pflegen, was wiederum zu Zeitverlust und Frustration führt.

In der zweiten Welle steht die strategische Beschaffung im Zentrum. Effektivitätssteigerungen durch eine systematische Entscheidungsunterstützung lassen sich schwerpunktmäßig im strategischen Einkauf realisieren. Relevante Gestaltungsfelder sind beispielsweise intelligente Ausschreibungsformate, Beschaffungsauktionen, Lieferantenauswahl, Kostenanalysen, Lieferantenbewertungen sowie das Risiko- und Warengruppenmanagement. Besonders in den letzten Jahren sind vor allem im Bereich Source-to-Contract leistungsfähige Software-Lösungen entwickelt worden, die neben effizienteren Prozessen auch eine höhere Effektivität versprechen.

Strategy-to-Source-Applikationen hingegen wurden bisher nur vereinzelt kreiert und sind oft als „Stand-Alone"-Produkte am Markt verfügbar. Vor allem größere Unternehmen nutzen gegenwärtig Source-to-Contract-Lösungen zur Unterstützung der Entscheidungsfindung in der Beschaffung. Die ersten beiden Digitalisierungswellen bilden dann die Grundlage für die dritte Welle – Big Data und Data Science in der strategischen Beschaffung. Der Digitalisierungstrend hat neben der Beschaffungsdigitalisierung natürlich auch zur Folge, dass sich der Einkauf verstärkt um die Beschaffung von Software und Dienstleistungen rund um die Digitalisierung für das gesamte Unternehmen kümmern muss (Pellengahr et al. 2016, S. 9).

Generell lässt sich feststellen, dass einige Prozesse leichter zu digitalisieren sind als andere (vgl. Abb. 2.1). Insbesondere die Source-to-Contract-Prozesse, die Purchase-to-Pay-Prozesse, unterstützende Prozesse sowie die ersten Prozessschritte im Supplier-Relationship-Management stehen im Fokus einer potenziellen Digitalisierungsinitiative (Koch et al. 2017a).

Wichtig ist, dass eine Digitalisierung der Beschaffung in die Gesamtstrategie des Unternehmens eingebettet ist, und dass prozess- und funktionsübergreifend gearbeitet wird, damit Insellösungen vermieden werden. Ein guter Startpunkt kann eine Diagnose des derzeitigen Digitalisierungsstandes sein (Kleemann und Glas 2017, S. 38). Für die eigentliche Digitalisierung müssen Soll-Prozesse dokumentiert werden. Dann kann ein geeigneter Anbieter anhand definierter Soll-Prozesse und weiterer technischer Anforderungen gefunden werden. Dabei sollten auch Aufwendungen einerseits und Effizienz- bzw. Effektivitätssteigerungen andererseits in einem Business Case gegeneinander abgewogen werden. Die Beschaffungsdigitalisierung ist zu einem Trend geworden, der parallel zum Begriff der Industrie 4.0 als Einkauf 4.0 bezeichnet wird. Prozesse lassen sich teilweise oder komplett automatisieren. Bei der teilweisen Automatisierung werden Analysen von Beschaffungsexperten angestoßen und die Beschaffungs-IT wird von Personal überwacht (Kleemann und Glas 2017, S. 18). Einige Experten gehen sogar davon aus, dass der gesamte klassische

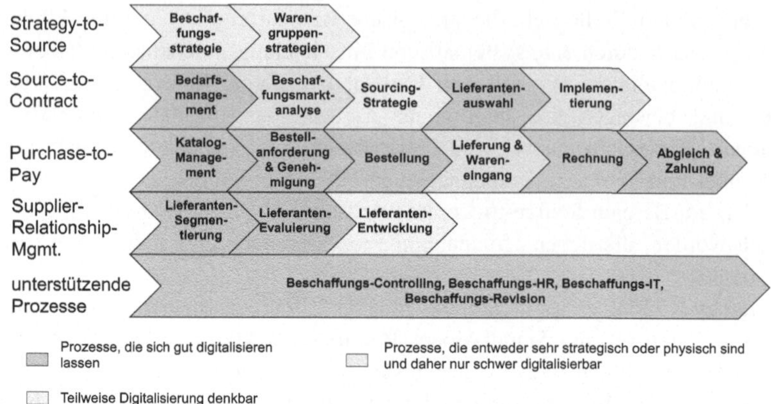

Abb. 2.1: Viele Beschaffungsprozesse können digitalisiert werden

Einkaufsprozess aussterben könnte und Nachfrageanalyse, Angebotsabfragen, Angebotsauswertungen, Lieferanten- und Produktstammdaten in zehn Jahren vollautomatisiert durchgeführt werden (Nowosel et al. 2015, S. 39).

Die zukünftige Herausforderung der Beschaffung wird es sein, einerseits die Effizienz zu verbessern und andererseits gleichzeitig den strategischen Mehrwert für das Unternehmen weiter zu steigern. Big Data und Data Science für die strategische Beschaffung müssen deshalb über eine einfache Digitalisierung von Beschaffungsprozessen hinausgehen. Digitale Technologien vermögen mehr, als nur den Einkauf inkrementell zu verbessern. Vielmehr ermöglichen sie es den Unternehmen, Daten zu sammeln und zeitnah zu analysieren, um darauf basierend bessere und intelligentere Entscheidungen zu fällen.

3.2   Das Big Data Warehouse für die Beschaffung

Die in der Beschaffungsdigitalisierung gewonnenen Daten sind die Basis für Big-Data-Anwendungen. Aufbauend auf umfassenden und detaillierten digitalen Einkaufsdaten können spezifische Fragestellungen adressiert werden. Big Data kann dabei auch bedeuten, dass eine detailliertere Granularität von Daten erzeugt wird, z. B. nicht nur Ausgabedaten insgesamt oder pro Warengruppe, sondern die komplette Visibilität auf Produkt- oder Bestellebene. Zusätzlich ist es hilfreich, weitere Datenquellen zu nutzen und ein Big Data Warehouse für die

Beschaffung zu kreieren. Neben den Beschaffungs-IT- Systemen, insbesondere aus dem Source-to-Contract- und dem Purchase-to-Pay-Prozess, sind weitere Unternehmensdaten, Daten aus der Lieferkette und externe Daten (z. B. von Drittanbietern) von Interesse (vgl. Abb. 3.2). Durch die Verknüpfung von internen digitalen Beschaffungsdaten mit einkaufsexternen Daten kann dann die Grundlage für eine weitgreifende, gezielte Informationssuche generiert werden. Die dadurch zur Verfügung stehenden Daten nehmen aufgrund der schieren Größe häufig die Form von Big Data-Problemen an, die dann entsprechende dedizierte Speicherungs- und Verarbeitungsmethoden erfordern. Dabei müssen die verschiedenen eingelesenen Daten miteinander kompatibel sein und gegebenenfalls muss auch auf die Zeitpunkte der Datenerhebung geachtet werden, damit Konsistenz gewährleistet ist.

Beispiele für Unternehmensdaten sind Forschungs- & Entwicklungsdaten, z. B. aus dem Computer-Aided Design (CAD). Solche Daten können sehr gut für gemeinschaftliche Produktentwicklungen mit Lieferanten genutzt werden. Des Weiteren helfen Produktionsdaten (Internet of Things – IoT), Enterprise Resource Planning (ERP) bzw. Finanzdaten, Personaldaten sowie Marketing und Vertriebsinformationen weiter. Darüber hinaus sollte es einen regen Austausch von Daten

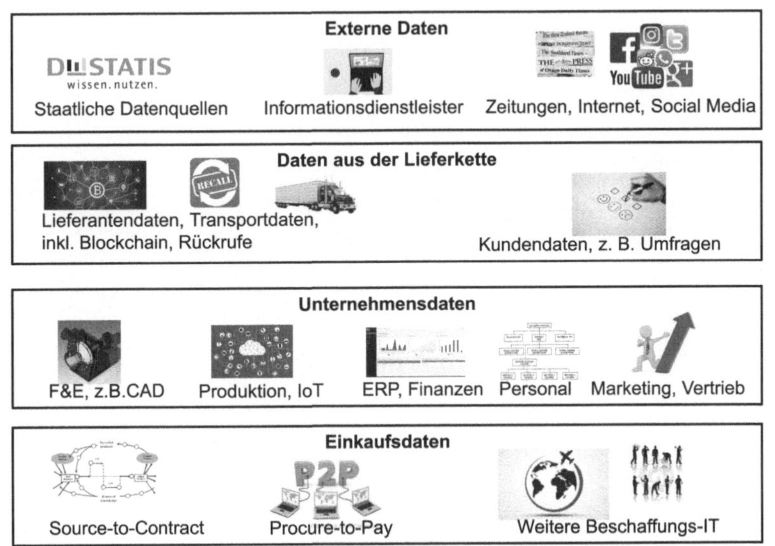

Abb. 3.2: Datenquellen für das Big Data Warehouse für die Beschaffung

entlang der Lieferkette geben, z. B. Lieferantendaten, Transportdaten, inkl. Rück-
rufaktionen, Kundenumfragen und unternehmensinterne Social-Media-Daten. In
Bezug auf Daten in der Lieferkette könnte sich die Blockchain-Technologie als
neue Plattform für einen vertrauensvollen Datenaustausch entwickeln. Externe
Daten von Datenprovidern können sich hervorragend eignen, um das eigene Big
Data Warehouse an geeigneter Stelle zu ergänzen. Beispiele für solche externen
Datensammlungen sind Finanzdaten von Informationsdienstleistern (z. B. Dun
& Bradstreet, Bloomberg, Creditreform), Zeitungsartikel, unternehmensexterne
Social-Media-Daten, Unternehmensdaten (z. B. Jahresberichte, Nachhaltig-
keitsberichte, Webseiten, Presseveröffentlichungen) sowie Daten von staatlichen
Stellen (z. B. das Statistische Bundesamt).

Überblick über Data Science für die Beschaffung

4

Digitale Beschaffungsdaten und die weitere Verknüpfung von verschiedenen Informationen sind die Voraussetzung für Big-Data-Anwendungen. Um komplexe Fragestellungen zu beantworten, muss das Big Data Warehouse mit geeigneten Werkzeugen analysiert werden. In diesem Zusammenhang spricht man von Data-Science-Methoden, die auf bereits bekannten Verfahren des Operations Research bzw. der angewandten Wirtschaftsmathematik, der Statistik und der Informatik (Data Mining) beruhen. Data Science wird alternativ auch als Business Analytik, Big Data Analytic oder Wissensmanagement bezeichnet.

Diese analytischen Verfahren werden in die verschiedenen adressierten Fragestellungen unterschieden. Am Anfang steht die deskriptive Analytik, die die Vergangenheit beschreibt (Was ist geschehen?). Bei der diagnostischen Analytik wird beantwortet, warum etwas geschehen ist. Bei der prognostischen Analytik werden Zukunftsprognosen erstellt. Und bei der präskriptiven Analytik werden Handlungsanweisungen abgeleitet. Prognostische und präskriptive Analytik sind komplexer und werden deshalb häufig auch als fortgeschrittene Analytik (Advanced Analytics) bezeichnet. Insbesondere die Prognosen und die präskriptive Analytik befinden sich in der Beschaffung noch ganz am Anfang. Neben den individuellen Data-Science-Kompetenzen von einzelnen Mitarbeitern, ist es auch wichtig, dass es der Beschaffungsabteilung gelingt, über die Definition von geeigneten Ablauf- und Lernprozessen Kompetenzen auf eine organisatorische Ebene zu heben.

In der Regel kann man sagen, dass mit dem Mehrwert der Analytik auch die Komplexität der Analytik steigt (vgl. Abb. 4.1). Verschiedene Techniken lassen sich dann schematisch an den Achsen „Mehrwert der Analytik" und „Komplexität der Analytik" schematisch einteilen, wobei je nach berücksichtigter Datenmenge, angewendeter Untersuchungsmethode und berücksichtigter Neben-

S. Zeisel, *Big Data und Data Science in der strategischen Beschaffung,* essentials, https://doi.org/10.1007/978-3-658-31202-2_4

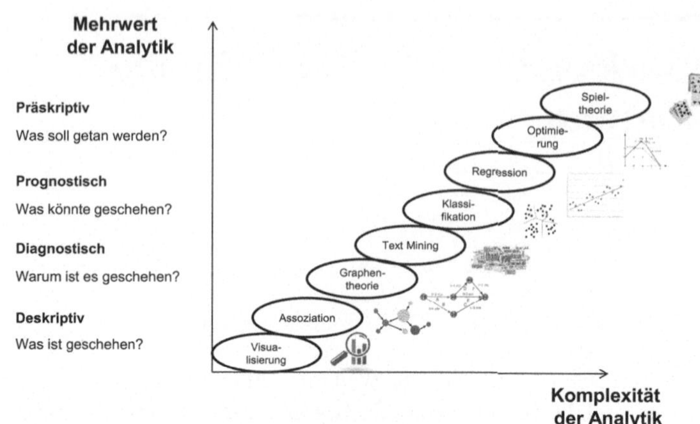

Abb. 4.1 Übersicht der Data-Science-Methoden für die Beschaffung

bedingungen auch andere Reihungen denkbar sind. Die wichtigsten Methoden für die Beschaffung sollen im Folgenden kurz vorgestellt werden. Es handelt sich um die lineare Optimierung und die Spieltheorie, die Regressionsanalyse, die Klassifikation (Klassifizierung), semantische Verfahren, wie z. B. Text Mining und sonstige Verfahren, wie z. B. Graphentheorie, Assoziationsanalyse und Visualisierungsmethoden.

Einige dieser Verfahren sind in bestehenden Software-Tools hinterlegt (Nouguès et al. 2017, S. 26). Eine gute Übersicht über fortschrittliche Software-Werkzeuge für die Beschaffung bietet auch der Bundesverband Materialwirtschaft, Einkauf und Logistik e. V., der regelmäßig Veranstaltungen zu Digitalisierungsthemen in der Beschaffung organisiert, und dessen jährlich erscheinende eSolutions Reports einen guten Marktüberblick vermitteln (BME e. V. 2019). Daneben sammelt auch das IT-Marktforschungsunternehmen Gartner Informationen zu Herstellern von spezifischen Softwaretools und erstellt Marktübersichten in Form von Portfolios, u. a. auch für die Beschaffung. Für kleinere und mittelgroße Unternehmen mit überschaubareren Datenmengen kann in einigen Fällen Microsoft © Excel durchaus zum Einsatz kommen, um kleinere Data-Science-Analysen durchzuführen.

4.1   Lineare Optimierung und Spieltheorie

Die lineare Optimierung ist eines der wichtigsten Verfahren des Operations Research und findet breite Anwendung für viele betriebswirtschaftliche Fragestellungen. Sehr bekannt ist die lineare Optimierung in der Produktionsplanung und in der Logistik, aber auch in der Beschaffung gibt es diverse Einsatzmöglichkeiten, z. B. bei der Vergabeplanung an Lieferanten. Bei der linearen Optimierung wird eine Zielfunktion unter verschiedenen Nebenbedingungen optimiert. Als Lösungsverfahren kommen verschiedene Algorithmen in Betracht, die ausgehend von einer zulässigen Lösung schrittweise bessere Lösungen unter Berücksichtigung der Nebenbedingung finden. Der bekannteste Algorithmus ist das sogenannte Simplex-Verfahren. Des Weiteren gibt es Verallgemeinerungen und komplexere Verfahren, die es auch ermöglichen, ganzzahlige Optimierungen durchzuführen oder im verallgemeinerten Fall sogar nicht-lineare Zielfunktionen zu optimieren. Nicht lineare Phänomene gibt es z. B. bei Lern- und Erfahrungskurven.

Eine weitere Verwendung findet die lineare Optimierung für spieltheoretische Strategien – etwa bei Verhandlungen oder Auktionsdesigns. In der Spieltheorie werden strategische Interaktionen von verschiedenen Akteuren (Spielern) betrachtet, um Interdependenzen besser zu verstehen und daraus optimale Handlungsoptionen aufzuzeigen. Aus einer realen Situation wird ein Spiel modelliert. Im einfachsten Fall besteht das Spiel nur aus einer Aktion. Häufig gibt es aber mehr als nur eine Aktion. Der vollständige Plan aller strategischen Züge bzw. Aktionen ist die zu wählende Strategie (Bartholomae und Wiens 2016, S. 31 f.). Unter der Voraussetzung, dass die Spieler gewissen Verhaltensregeln folgen, stellt sich in Spielen typischerweise ein Gleichgewicht heraus. Deshalb wird in der Spieltheorie auch zur Lösung von Strategiekombinationen nach Gleichgewichten des Spiels gesucht. Das bekannteste Gleichgewicht ist das sogenannte Nash-Gleichgewicht – benannt nach dem Nobelpreisträger John Nash. Ein interessantes Anwendungsfeld ist dabei z. B. der Interessenausgleich bei der leistungsbezogenen Preisgestaltung (Performance-Related Pricing). Dabei wird ein Anreizsystem für langlaufende Verträge geschaffen, das sowohl beim Unternehmen als auch dem Lieferanten Vorteile bei Effizienzgewinnen in der Kunden-Lieferantenbeziehung verspricht.

4.2   Einfache und multiple Regression

Die Regressionsanalyse ist ein Verfahren aus der Statistik. Bei der Regressionsanalyse wird aus bestehenden Beobachtungen (erklärende Variable) ein Modell gebaut, mit dem numerische Vorhersagen (erklärende Größe, Regressand) getroffen werden können. Dieses Verfahren kann sowohl eine als auch mehrere erklärende Variablen nutzen. In diesem Zusammenhang spricht man von einer einfachen oder multiplen Regression. Die Steigung der Regressionsgeraden wird durch die statistische Methode der kleinsten Quadrate bestimmt. Um Regressionen sinnvoll für Prognosen zu verwenden bzw. Kausalzusammenhänge herzuleiten, muss der Anwender sorgfältig begründen, warum bestehende Beziehungen Vorhersagekraft für einen neuen Kontext haben oder nur eine zufallsbedingte Korrelation zustande kommt. Wichtig ist dabei eine Interpretation von Kausalzusammenhängen, bei der auch statistische Gütekriterien genutzt werden können. Eine häufige Anwendung in der Beschaffung ist das sogenannte Linear Performance Pricing (LPP). Das LPP versucht, mit Hilfe von statistischen Verfahren funktionale Zusammenhänge zwischen technisch determinierten Einflussgrößen und den Preisen des Beschaffungsobjektes zu ermitteln. Die Relevanz der Kosteneinflussgrößen wird bestimmt, indem der Produktpreis auf eine oder mehrere (Cost Regression Analysis) quantifizierbare Größen des Beschaffungsobjektes bezogen wird, welche die Beschaffenheit oder die Funktion des Teils charakterisieren. Die so ermittelten Preis-Leistungs-Verhältnisse ergeben Referenzwerte für Beschaffungsobjekte. Damit können bei einem anschließenden Vergleich Preise auf ihre Angemessenheit geprüft und Einsparpotenziale ermittelt werden. Haupteinsatzgebiet vom LPP sind Preise von Produkten und Dienstleistungen gleicher Art und/oder gleichem Konstruktionsprinzip, aber mit unterschiedlichen Größen und Leistungsausprägungen, um diese auf Plausibilität hin zu prüfen und Kostensenkungspotenziale aufzuzeigen.

In Abb. 4.2 ist ein Beispiel für ein LPP für Verpackungsmaterial dargestellt. Wie man deutlich sehen kann, gibt es einen optischen Zusammenhang zwischen der Fläche des Verpackungsmaterials in m^2 und dem Preis in €. Dieser Zusammenhang lässt sich mathematisch berechnen und ist durch die lineare Geradengleichung in der Abbildung beschrieben. Fünf der sechs Preispunkte liegen auf oder sehr nahe an der Regressionsgeraden. Der umkreiste Preispunkt ist jedoch ein Ausreißer, der weitere Diskussionen mit dem Lieferanten zum Preis-Leistungs-Verhältnis nach sich führen sollte.

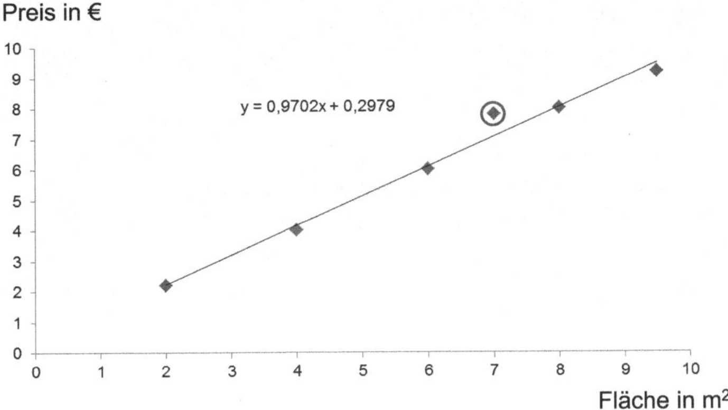

Abb. 4.2 LPP für Verpackungsmaterial

4.3 Klassifizierung

Bei der Klassifizierung (Klassifikation) werden Objekte anhand eines Klassifikators (Unterscheidungsmerkmal) in verschiedene Kategorien eingeteilt. Die betrachteten Objekte gehören idealerweise genau zu einer Kategorie. Es kann aber auch sein, dass ein Objekt mehreren oder keiner Kategorie zugeordnet wird. Die Support Vector Machine (SVM) ist ein weit verbreitetes, überwachtes Lernverfahren, das für Klassifikationsprobleme geeignet ist, bei der die Grundmenge an Objekten binär klassifiziert wird (Lanquillon und Mallow 2015, S. 64 f.). Ein ebenfalls beliebtes Verfahren ist der Entscheidungsbaum. Dabei werden Entscheidungs-regeln, anhand derer Objekte sich in Kategorien einteilen lassen, als Ent-scheidungsbaum dargestellt. Die Klassifizierung erfolgt durch die hintereinander geschaltete Abfrage der Ausprägung bestimmter, vorher festgelegter Eigenschaften. Bei der Konstruktion eines Entscheidungsbaums werden rekursive Partitionierungs-Algorithmen eingesetzt. Eine Lernstichprobe mit bekannten Klassenzugehörig-keiten der beinhalteten Stichprobenelemente bildet dabei die Datenbasis zur Gewinnung optimaler Trennkriterien für jede Abfrage und zur Ermittlung der optimalen Baumgröße. Zur optimalen Partitionierungs-Entscheidung werden Rein-heitskennzahlen, wie z. B. die Entropie genutzt. Die Klassifizierung kann z. B. genutzt werden, um A-Lieferanten zu identifizieren oder um die Ausgaben zu sinn-vollen Warengruppen zu bündeln.

4.4   Semantische Verfahren

Eine große Herausforderung bei der Analyse von Big Data ist die Tatsache, dass ein Großteil der Daten nur in unstrukturierter Form vorliegt. Häufig handelt es sich dabei um Textdaten, z. B. Zeitungsartikel, Beiträge in sozialen Medien oder Internetseiten. Hier können semantische Verfahren, wie z. B. Text Mining, zum Einsatz kommen. Text Mining versucht dabei aufgrund des Vorkommens und der Häufigkeit von bestimmten Schlagwörtern, Rückschlüsse auf den Text zu ziehen. Problematisch ist bei dieser Methode, dass sich einzelne Wörter gegebenenfalls nur im Kontext erschließen.

4.5   Sonstige Methoden

Daneben gibt es eine Reihe von sonstigen Methoden, wie z. B. die Graphentheorie, die Assoziationsanalyse und weitere Visualisierungsmethoden.

In der mathematischen Graphentheorie werden Graphen betrachtet, die aus einer Menge von Knoten und Verbindungen zwischen den Knoten (Kanten) bestehen. Die Graphentheorie beschreibt die Beziehungen zwischen den Knoten und die Eigenschaften des Graphen. Eine häufige Anwendung ist die Optimierung von Prozessen, z. B. mit der Critical-Path-Methode (CPM). Bei der Critical-Path-Methode wird mithilfe eines Algorithmus die Mindestdauer eines Projektes bestimmt, das aus verschiedenen abhängigen Schritten besteht. Dabei werden die kritischen Prozesse identifiziert, die bei Verzögerung eine Verspätung des gesamten Projektes bedeuten. Projekt- und Prozessoptimierungen sind in der Beschaffung ein wichtiges Mittel, um die Effizienz zu verbessern.

Eine weitere Analyseform ist die Assoziationsanalyse. Hierbei werden Zusammenhänge zwischen verschiedenen Objekten gemessen. Sie kommt sehr stark im Marketing zum Einsatz, wenn z. B. Kaufzusammenhänge in Warenkörben von Kunden gemessen werden. Aber auch in der Beschaffung kann dies hilfreich sein, wenn z. B. Kataloge im Purchase-to-Pay-Prozess optimiert werden müssen.

Ansonsten ist es auch wichtig, stark auf Visualisierungsmethoden zu setzen. Gerade im Reporting und im Beschaffungs-Controlling geht es darum, Sachverhalte grafisch zu verdeutlichen. Visualisierungsmethoden helfen somit, einen besseren Zugang zu den Analyseergebnissen zu bekommen. In der heutigen Kommunikationskultur von Unternehmen ist dies ein unerlässlicher Baustein.

Eine erfolgreiche Umsetzung von Big Data in der Beschaffung impliziert, dass man neben geeigneten IT-Werkzeugen auch über ein geschultes Team verfügen muss. Zudem bedarf es für den Einsatz von Big Data und Data Science auch einer Kulturveränderung: weg von emotionalen Bauchentscheidungen und hin zu einer permanent hinterfragenden, datengetriebenen Unternehmenskultur. Eine solche Big-Data-Kultur benötigt eine hohe Kommunikations- und Informationskompetenz innerhalb der Organisation sowie eine fachliche und mentale Veränderungskompetenz der Mitarbeiter (Hertweck und Kinitzki 2015, S. 17).

Es ist häufig schwierig, genügend Mitarbeiter mit den umfassenden Fähigkeiten zu gewinnen, die komplexe Fragestellungen mathematisch beschreiben und mit Hilfe von Big Data und zugehörigen Data-Science-Werkzeugen lösen können. Zumindest müssen Mitarbeiter mit relevanter Software, z. B. für Datenabfragen, umgehen können. Bisweilen muss sogar ein neuer Software-Code entwickelt werden. Dies erfordert gute bis sehr gute IT-Kenntnisse. Das allein ist aber noch nicht hinreichend. Die perfekten Mitarbeiter müssen auch ein solides Problemverständnis und eine Kenntnis der betroffenen Organisation haben. Nur dies gewährleistet, dass sie effektiv kommunizieren und überzeugende Lösungen aufzeigen können.

Die Anforderungen an Einkaufsmitarbeiter im Zeitalter der Digitalisierung werden sich somit deutlich ändern. Dies geschieht vor dem Hintergrund, dass die Beschaffung auf dem Weg vom nationalen Bestellbüro zum globalen Lieferantenmanager ohnehin schon sehr viel Veränderung gesehen hat und immer noch durchläuft. Die neue Herausforderung geht aber weniger in die Richtung Sprachkenntnisse, Internationalisierung oder Soft Skills, sondern vielmehr in eine noch stärkere Akademisierung und die Entwicklung von Fähigkeiten auf dem Gebiet der Big-Data-IT und von Data Science, wie man sie zur Lösung

© Der/die Herausgeber bzw. der/die Autor(en), exklusiv lizenziert durch Springer Fachmedien Wiesbaden GmbH, ein Teil von Springer Nature 2020
S. Zeisel, *Big Data und Data Science in der strategischen Beschaffung,* essentials, https://doi.org/10.1007/978-3-658-31202-2_5

von komplexen analytischen Problemen benötigt. Dabei ist es sehr wichtig, dass die Beschaffung eigene Spezialisten hervorbringt, denn die Anwendung der Data-Science-Verfahren setzt auch ein tiefergehendes Verständnis des Einkaufs voraus, um erfolgreiche mathematische Modelle zu erstellen. Auch bei der späteren Präsentation von Ergebnissen und Empfehlungen ist einkaufsspezifisches Know-how sehr wichtig. Ausgehend von der Digitalisierung werden IT-Fähigkeiten in Unternehmen, insbesondere in der Beschaffung, zum neuen wesentlichen Engpassfaktor. Dies unterstreicht auch eine Studie, bei der mehr als 1800 Stellenanzeigen zu Big Data und Business Intelligence im Allgemeinen hinsichtlich der gesuchten Kompetenzen ausgewertet wurden. Notwendige Fähigkeiten waren demnach IT-Kompetenzen (generelles IT-Verständnis als auch Kenntnisse zu speziellen Software-Tools), mathematische- und statistische Fähigkeiten und jeweils Erfahrungen in der zugrunde liegenden Branche oder Unternehmensfunktion (Debortoli et al. 2014, S. 324). Neben der Option, neue, junge Akademiker mit hervorragenden IT-Kompetenzen einzustellen, gibt es auch die Möglichkeit, die bestehende Belegschaft weiterzubilden (Koch et al. 2017b). Wenn man sich die anspruchsvollen Anforderungen an die Fähigkeiten zur Lösung von Big-Data-Fragestellungen vor Augen führt, kann man zu dem Schluss kommen, dass eine bereichsübergreifende Zusammenarbeit bei diesen Themen sinnvoll und notwendig ist. Es gibt sogar Beispiele, wie in der Beschaffung kritische Analysen outgesourct werden können. So hat sich z. B. das amerikanische Baumaschinenunternehmen Caterpillar über die Data-Science-Plattform Kaggle ein Kostenmodell für Schläuche beschreiben lassen (Weise und Zeisel 2017).

Durch eine stärkere Digitalisierung, verbunden mit mehr Automatisierung und dem chancenreichen Einsatz von analytischen Methoden, werden sich die Rolle sowie die Aufgaben des Einkaufs ändern. Operative Aufgaben werden, bedingt durch Automatisierung, zunehmend entfallen, die Rolle von Warengruppenmanagern (Category Managers) wird sich wandeln und ein neues Betätigungsfeld des Data Scientist in der Beschaffung entstehen (Högel et al. 2018, S. 5). Dadurch können im Beschaffungsteam verschiedenste Ängste in Bezug auf die Digitalisierung entstehen, z. B. die Sorge um den Verlust des Arbeitsplatzes oder eben durch die Veränderung der Tätigkeit. Die Mitarbeiter müssen deshalb aktiv durch diesen Veränderungsprozess durchgeführt werden. Obwohl bei Mitarbeitern Ängste bestehen, bieten die Veränderungen auch neue Möglichkeiten. Viele Berichte, die von Einkaufsmitarbeitern erstellt werden müssen, werden heute noch ad hoc manuell ausgearbeitet und bedeuten eine vom Management häufig unterschätzte Arbeitsbelastung. Die mögliche Effizienzsteigerung durch eine Automatisierung kann somit unmittelbar genutzt werden, um die gewonnene Zeit zu reinvestieren. Zum Beispiel haben Mitarbeiter mehr Zeit, um mit mehr Lieferanten Vergabeverhandlungen zu führen („more deal time") und neue Trends und Innovationen aus dem Lieferantenmarkt für das eigene Unternehmen nutzbar zu machen („more think time").

Anwendungsbeispiele von Big Data in der Beschaffung 6

Das Big Data Warehouse für die Beschaffung, die Data-Science-Methoden und die passenden Kompetenzen im Beschaffungsteam bilden die Grundlage für die Anwendung von Big Data auf konkrete Fragestellungen. Für die Anwendungsfälle ist es dabei wichtig, die richtigen Daten, die passenden Data-Science-Methoden und notwendigen Fähigkeiten spezifisch zu kombinieren, um die jeweiligen Fragestellungen zu adressieren. Die Analysen helfen dann wiederum, um die zugrunde liegenden Beschaffungsziele, d. h. Einsparungen, Qualität, Versorgungssicherheit, Effizienz, Innovation, Corporate Social Responsibility (CSR) und Kundenzufriedenheit & Beratung zu verbessern. Abb. 6.1 gibt eine Übersicht über 30 mögliche Anwendungsfälle von Big Data in der strategischen Beschaffung und wie diese verschiedene Haupteinkaufsprozesse und verschiedene Beschaffungsziele adressieren. Nicht überraschend ist, dass ca. die Hälfte der Anwendungsfälle dem Source-to-Contract-Prozess zuzuordnen ist. Dies liegt einerseits an den gut strukturierten Datenquellen, die den Big-Data-Einsatz begünstigen. Zum anderen handelt es sich beim Source-to-Contract-Prozess um den eigentlichen Kernprozess in der Beschaffung, wo folglich auch die größten Mehrwert-Chancen liegen. Bei den Beschaffungszielen profitiert primär das Einsparziel, was bei vielen Beschaffungsorganisationen auch Hauptfokus der Tätigkeit ist.

S. Zeisel, *Big Data und Data Science in der strategischen Beschaffung,* essentials, https://doi.org/10.1007/978-3-658-31202-2_6

Prozess	Beschaffungsziel						
	Einsparungen	Qualität	Versorgungssicherheit	Effizienz	Innovation	CSR	Kundenzufriedenheit & Beratung
Strategy-to-Source	2		6				1
Source-to-Contract	4, 5, 7, 8, 10, 28		9, 13, 20, 21	3, 22		11, 30	12
Purchase-to-Pay	15, 16			14, 23			
Supplier-Relationship-Mgmt.		18			17, 19		
unterstützende Prozesse						27	24, 25, 26. 29

Abb. 6.1 Big-Data-Anwendungsfälle in der Beschaffung adressieren verschiedene Prozesse und Einkaufsziele

6.1 Kurzporträt zu 30 Anwendungsfällen für Big Data in der Beschaffung

Neben den verschiedenen Anknüpfungspunkten im Beschaffungsprozess und dem adressierten Hauptziel unterscheiden sich die Anwendungsfälle auch hinsichtlich des Implementierungsaufwands und der erwarteten Ergebnisverbesserung bezogen auf das jeweilige Ziel. Ob sich die Implementierung eher leicht oder schwer gestaltet, hängt davon ab, inwiefern viele Datenquellen, komplexe Data-Science-Methoden und umfassende Teamkompetenzen benötigt werden. Bis zu einem gewissen Grad sind Implementierungsaufwand und Ergebnisverbesserung natürlich unternehmensindividuell zu beurteilen, d. h. sie hängen z. B. vom Digitalisierungsstand und dem Warengruppenmix ab. Einige Anwendungsfälle benötigen kein komplettes Big Data Warehouse, sodass man auch schon mit kleineren Implementierungsschritten in der Digitalisierung erste Anwendungsfälle umsetzen kann.

1. **Warengruppentrends** Implementierung: schwer; Ergebniseinfluss: mittel
   In jeder Warengruppe gibt es unzählige Trends, über die man nur mit spezialisierten großen Warengruppenteams (Category Management) einen Überblick behalten kann. Mit Hilfe von semantischen Verfahren, die vor

allem externe Datenbanken und das Internet durchforsten, lässt sich ein informativer Radarschirm aufbauen, der neue Trends und Innovationschancen in verschiedenen Warengruppen aufspürt. Damit soll die Innovationsrate im eigenen Unternehmen verbessert werden.

2. **Warengruppenstrategie** Implementierung: mittel; Ergebniseinfluss: hoch
   Bei der Warengruppenstrategie sollen automatische Empfehlungen, welche Beschaffungsstrategien für welche Kategorie und welche Sub-Kategorie genutzt werden sollten, basierend auf den Ausgabedaten (Spend Daten), der Wettbewerbssituation (z. B. Anzahl an geeigneten Lieferanten), dem Risikoprofil und dem Produkt- bzw. Dienstleistungstyp entwickelt werden. Hierbei kann u. a. die bekannte Kralijc-Matrix zum Einsatz kommen, die Beschaffungsgüter in strategische Produkte, Hebelprodukte, Engpassprodukte und unproblematische Produkte unterteilt. Bei fortgeschrittenen Warengruppenstrategien sind auch feinere Klassifikationsmodelle denkbar. Die Warengruppenstrategie zielt vor allem auf eine Steigerung der Einsparungen ab, kann aber auch weitere Ziele optimieren.

3. **Spend Cube Optimierung** Implementierung: mittel; Ergebniseinfluss: mittel
   Die Normalisierung von Lieferantenstammdaten, insbesondere die Vermeidung von Duplikaten, ist eine „Herkulesaufgabe" in der Beschaffung. Schafft man es, den Automatisierungsgrad der Spend-Kategorisierung in Richtung 100 % durch das Finden und Anwenden von intelligenten Kategorisierungsregeln zu steigern, fällt in der Beschaffung viel unbeliebter, manueller Aufwand weg. Solche Regeln lassen sich durch Zuordnung von Lieferanten und Ausgaben in gewissen Kategorien aufgrund des Lieferantennamens, der Kostenstelle, der Kostenart, Stichwörter in der Rechnung oder der Kombination von Faktoren definieren.

4. **Beschaffungsmarktanalyse** Implementierung: mittel; Ergebniseinfluss: mittel
   Die Beschaffungsmarktanalyse versucht als Hauptaspekt, neue interessante Lieferanten zu identifizieren und zu qualifizieren. Big Data kann auch bei der Suche nach neuen Lieferanten helfen. Zum einen kann die Internet-Suche mit semantischen Verfahren bessere Ergebnisse bringen. Des Weiteren bieten verschiedene IT-Werkzeuge heute bereits an, Lieferantenstammdaten unternehmensübergreifend zu teilen. Eine Zuordnung erfolgt dann meist über Kategoriebäume (Category Trees), die auf den Klassifizierungssystemen des UNSPSC-Code oder der e@class basieren.

5. **Preistrends** Implementierung: mittel; Ergebniseinfluss: mittel
   Preistrends zu verstehen und richtig zu prognostizieren ist ebenfalls Teil der Beschaffungsmarktforschung, aber analytisch deutlich verschieden von der Identifikation neuer Lieferanten. Anwendbar ist die Analyse von Preistrends

vor allem bei transparenten Preisen, wie man sie z. B. bei Rohstoffen findet. Durch Veränderungen im Angebot, Veränderungen in der Nachfrage, langfristigen Preisuntergrenzen für die Förderung von Rohstoffen lassen sich günstigere und weniger vorteilhafte Zeitpunkte für den Kauf ableiten. Während Rohstoffe eine erste Anwendung für Preistrendanalysen versprechen, ist die Idee natürlich auch auf weitere Produkte und sogar auf Dienstleistungen übertragbar, wenn genügend Daten vorhanden sind.

6. **Computergestützte Bedarfsanalyse** Implementierung: mittel; Ergebniseinfluss: mittel

   Das Ziel der computergesteuerten Bedarfsanalyse ist die Prognose des zukünftigen Bedarfs und ggf. das Auslösen von frühzeitigen Bestellungen beim Lieferanten. Dies lässt sich bei guter Datenlage weitgehend automatisieren und führt zu einer verbesserten Versorgungssicherheit. Während bei direkten A-Materialien die Systeme zwischen Kunde und Lieferant sowie ein weitgehender Datenaustausch in einigen Unternehmen schon umgesetzt sind, fehlt die computergestützte Bedarfsanalyse bei indirekten Materialien sehr häufig und ist auch generell deutlich herausfordernder.

7. **Preisstrukturanalyse/Kostenmodelle** Implementierung: mittel; Ergebniseinfluss: hoch

   Bei der Preisstrukturanalyse werden stufenweise einzelne Preise von Lieferanten nachkalkuliert. Startpunkt sind die Materialkosten, die über die physikalischen Größen der Dimension oder des Gewichtes und den zugeordneten öffentlich verfügbaren Rohstoffpreisen berechnet werden können. Im zweiten Schritt werden dann auf Grundlage von Expertenwissen Arbeits- und Maschinenstunden für die Produktion abgeschätzt und mit Preisen versehen. Danach erfolgt eine Zuschlagskalkulation für administrativen Aufwand und eine angemessene Gewinnspanne. Der so ermittelte Preis wird dann mit dem Angebot der Lieferanten abgeglichen. Fortgeschrittene Softwareprogramme können sogar auf der Grundlage einer Konstruktionszeichnung die optimalen Fertigungsverfahren, die Prozesszeiten und die richtigen Produktionsanlagen ableiten.

   Gegebenenfalls wird der Lieferant auch aufgefordert, seine eigenen Kosten herunterzubrechen, sodass die Lieferantenkalkulation mit der Preisstrukturanalyse positionsweise verglichen werden kann. Schon heute führen große Automobilkonzerne dieses Verfahren für wichtige Beschaffungsteile durch. Neben direktem Material, lässt sich die Preisstrukturanalyse auch bei indirekten Materialien und bei Dienstleistungen einsetzen, wenn der Aufwand durch die Größe des Beschaffungsvolumens gerechtfertigt wird.

8. **Ausschreibungsoptimierung** Implementierung: mittel; Ergebniseinfluss: mittel
   Bei der Ausschreibungsoptimierung gibt es gleich eine Reihe von wichtigen Fragestellungen, bei denen Datenanalysen zu besseren Entscheidungen und damit auch direkt zu höheren Einsparergebnissen verhelfen können: Welche Warengruppen sind am besten für Auktionen geeignet und welche eher nicht? Sind homogene Produkte (klassischer Ansatz) oder heterogene Produkte (auch hier lassen sich bisweilen sehr gute Ergebnisse erzielen) besser geeignet? Welche Ausschreibungsformate bzw. Auktionsformen sind am vielversprechendsten? Und wie sollten Auktionen ideal implementiert werden: mit welchem Startpreis, welchen Preisschritten und welcher Auktionsdauer? Schließlich bleibt auch die Frage zur optimalen Vergabeentscheidung an einen oder mehrere Lieferanten. Gegebenenfalls muss die Vergabeentscheidung unter Nebenbedingungen, z. B. Kapazitätsbeschränkungen oder Teilangebote, getroffen werden.

9. **Vertragsanalyse** Implementierung: leicht; Ergebniseinfluss: niedrig
   Eine recht einfache Anwendung, um die Daten der Beschaffungsdigitalisierung zu nutzen, ist die Vertragsanalyse. Sind die Daten in der Vertragsdatenbank gut gepflegt, hilft z. B. eine Frühwarnfunktion, auslaufende Verträge rechtzeitig neu zu verhandeln und gegebenenfalls fortlaufende Verträge zu kündigen. So kann Versorgungssicherheit zu jedem Zeitpunkt rechtssicher abgebildet werden und durch frühzeitige Neuverhandlungen kann das komplette Wettbewerbspotenzial ausgeschöpft werden, was so wiederum zu verbesserten Einsparergebnissen führt.

10. **Preiswarnung** Implementierung: leicht; Ergebniseinfluss: mittel
    Häufig enthalten Verträge sogenannte Preisgleitklauseln, d. h. wenn ein Preisindex eine gewisse Schwelle über- oder unterschreitet, können lieferanten- oder kundenseitig Preisänderungen gefordert werden, die sich durch die Veränderung eines wichtigen Kostenfaktors begründet. Es ist deshalb für die Beschaffung interessant, derartige Preisgleitklauseln mit den jeweiligen Indizes als Frühwarnsystem IT-technisch zu hinterlegen. Wenn Indizes gemäß den Vertragsbedingungen einen Grenzwert über- bzw. unterschritten haben, wird eine Warnung ausgelöst mit der Option entsprechend zu handeln.

11. **Maverick-Spend-Analyse** Implementierung: mittel; Ergebniseinfluss: hoch
    Ein gefährliches Phänomen in Unternehmen ist das Unterlaufen von zentral verhandelten Verträgen durch Einkäufe an der Beschaffungsabteilung vorbei, sogenanntes Maverick Buying. Dies untergräbt die Verhandlungsmacht des

Unternehmens und führt zu großen Compliance-Risiken, wenn z. B. Unternehmensgelder ohne Mehr-Augen-Prinzip verausgabt werden. In vielen Unternehmen gibt es dazu klare Regelungen, die ein solches Verhalten untersagen und entsprechend sanktionieren. Auch beim Thema Maverick Spend gilt: „Vertrauen ist gut, Kontrolle ist besser." Kontrollieren lässt sich der regelkonforme Einkauf durch die Verknüpfung der Vertragsdatenbank mit dem Spend Cube. Im optimalen Fall lassen sich allen Lieferanten, die im Spend Cube stehen, entsprechende Verträge aus der Vertragsdatenbank zuordnen. Gibt es dennoch Ausgaben in signifikanter Höhe an einen Lieferanten ohne einen dokumentierten Einkaufsvertrag, muss diesem Thema unbedingt nachgegangen werden.

12. **Analyse der kategoriespezifischen Nutzung** Implementierung: mittel; Ergebniseinfluss: hoch
Häufig beginnt mit dem Vertragsschluss erst die eigentliche Arbeit. Dabei ist neben der Implementierung des Vertrages auch das nachlaufende kategoriespezifische Nutzungsverhalten aufschlussreich, um durch Informationen und Beratung einen möglichst ökonomischen Verbrauch zu gewährleisten. Beispiele sind Reisekosten (z. B. welche Buchungsklassen werden bei der Bahn oder bei Flugreisen gebucht? Wie können Hotelkosten bei gleicher Qualität optimiert werden?), Elektrizität (z. B. macht der Einsatz von Sensoren Sinn, um Strom zu sparen?), Druckkosten (z. B. wie ist der Anteil Farb- vs. Schwarz-Weiß-Drucke? Wie sieht das Druckverhalten verschiedener Abteilungen aus?) oder Fuhrparkmanagement (wie kraftstoffsparend fahren die Mitarbeiter?). Derartige Analysen müssen selbstredend Datenschutzbestimmungen und eine etwaige Einbindung von Sozialpartnern berücksichtigen.

13. **Bestandsoptimierung** Implementierung: mittel; Ergebniseinfluss: mittel
In den Bilanzen von großen DAX-Unternehmen finden sich teils Milliardenbeträge, die in Beständen gebunden sind. Dies ist eine nicht zu unterschätzende finanzielle Bürde. Basierend auf genaueren Nachfrageprognosen und größerer Transparenz in der gesamten Lieferkette lässt sich der Lagerbestand optimieren, ohne die Pufferfunktion von Lagern einzubüßen. Die Idee ist, Transparenz über die gesamte Lieferkette zu schaffen und das Netzwerk entsprechend zu optimieren. Dies lässt sich z. B. über die digitale Abbildung der Lieferkette mit einem digitalen Zwilling (DigitalTwin) simulieren. Dabei ist es entscheidend, dass sowohl die Kunden- als auch die Lieferantensicht in die Optimierung einbezogen wird, um durch diesen ganzheitlichen Blick auf die Supply Chain einen wichtigen Hebel zur Reduzierung der Sicherheitsbestände zu gewinnen. Neben der umfassenden

Betrachtung der Lieferkette, müssen auch zufällige und saisonale Nachfrageschwankungen und Produktlebenszyklen in der Planung berücksichtigt werden.

14. **Katalogoptimierung** Implementierung: mittel; Ergebniseinfluss: mittel
Freitextbestellungen, d. h. interne Kunden, die ihre gewünschten Produkte und Dienstleistungen nicht im Bestellkatalog finden, sind ein gefährlicher Kostentreiber im operativen Einkauf. Eine solche Freitextbestellung kann durch den manuellen und damit zeitintensiven Arbeitsaufwand Kosten je Bestellung bis in dreistelliger Höhe verursachen. Eine automatische Bestellabwicklung mit kundenfreundlichen Katalogen, schlanken Genehmigungsprozessen und einem automatisierten Abgleich von autorisierter Bestellung, Wareneingang und elektronischer Rechnung kann mit weniger als 10 % der Kosten einer Freitextbestellung veranschlagt werden. Durch die detaillierte Analyse der Freitextbestellungen und die zeitnahe Schließung von Angebotslücken im Bestellkatalog sowie die Analyse des Nutzerverhaltens, um die Darstellung und die Bedienerfreundlichkeit des Bestellsystems zu erhöhen, kann neben einer höheren Kundenzufriedenheit auch eine bessere Effizienz der Prozesse erreicht werden.

15. **Reduzierung vorzeitiger Zahlungen** Implementierung: mittel; Ergebniseinfluss: mittel
Ein typisches Problem von Silo-Prozessen und getrennten Datensystemen kann die vorzeitige Zahlung von Rechnungen sein. Das heißt der Lieferant schickt dem Unternehmen eine Rechnung mit sofortiger bzw. zeitnaher Zahlungsaufforderung, die entsprechend beglichen wird, obwohl vertraglich ein viel längeres Zahlungsziel vereinbart wurde. Mit einem einfachen Datenabgleich der Rechnungsdaten des ERP-Systems mit den Zahlungszielen in der Vertragsdatenbank lässt sich dieses Problem eliminieren.

16. **Reduzierung doppelter Zahlungen** Implementierung: leicht; Ergebniseinfluss: mittel
Ein verwandtes Problem zur Reduzierung von vorzeitigen Zahlungen sind doppelte Zahlungen, die fälschlicherweise getätigt werden, sei es durch fehlhafte Rechnungsstellung, Reklamationen oder sonstige Missverständnisse. Solche Doppelzahlungen können bei transparenter Datenlage leicht identifiziert werden und irrtümlich ausgelöste Doppelzahlungen zurückgeholt werden. Dies wird bis heute noch als Dienstleistung von verschiedenen Beratern angeboten („Recovery Audit"), könnte aber bei entsprechender Datenqualität unternehmensintern vorangetrieben werden.

17. **Strategische Lieferantenentwicklung** Implementierung: mittel; Ergebniseinfluss: mittel

    Lieferantenentwicklungsprozesse sind ein wichtiger Bestandteil der strategischen Beschaffungsarbeit, der aber in vielen Unternehmen noch vernachlässigt wird. Die strategische Lieferantenentwicklung startet mit einer Klassifikation von Lieferanten. Dadurch ist die Fokussierung auf die wichtigen A-Lieferanten möglich. Als nächstes sollten Lieferantenevaluierungen angestoßen und ausgewertet werden. Aus dieser Basis können dann Lieferantenentwicklungsgespräche geführt werden. Dieser letzte Schritt ist strategisch und kreativ und entzieht sich damit einer einfachen Automatisierung auf der Grundlage von Beschaffungsdaten.

18. **Analyse der Lieferantenperformance** Implementierung: leicht; Ergebniseinfluss: mittel

    Die umfangreiche Datensammlung des Big Data Warehouse ermöglicht es natürlich auch, die wichtigsten Leistungskennzahlen der strategischen Lieferanten aufzunehmen und fortlaufend zu überwachen. Werden Zielwerte deutlich unterschritten, kann so schnell reagiert werden. Hierbei kann es sich um eine Einkaufsaufgabe handeln oder es kann je nach organisatorischer Zuordnung auch in der Verantwortlichkeit anderer Fachabteilungen liegen. Es ist der wichtigste Big-Data-Anwendungsfall, um die Qualität zu verbessern.

19. **Gemeinsame Produktentwicklung** Implementierung: schwer; Ergebniseinfluss: hoch

    Gemeinsame Produktentwicklung mit Lieferanten ist bei der sinkenden Wertschöpfungstiefe in den letzten Jahrzehnten zu einem wichtigen Thema in vielen Industrien geworden. So ist es in der Automobil- und IT-Industrie mittlerweile üblich, dass schon mehrere Jahre im Vorfeld von neuen Modellen eine gemeinsame Produktentwicklung stattfindet und diese Lieferantenpartnerschaften dann über den Produktlebenszyklus aufrechterhalten werden. Ein intensiver Datenaustausch, z. B. von Kundenanforderungen oder CAD-Daten, kann diesen Prozess vereinfachen und beschleunigen. Dieser Datenaustausch kann nicht nur bilateral zwischen Kunde und Lieferant, sondern auch multi-lateral zwischen allen am Projekt beteiligten Parteien stattfinden, d. h. auch intensiv zwischen verschiedenen Lieferanten.

20. **Supply-Chain-Risiko-Management** Implementierung: schwer; Ergebniseinfluss: mittel

    Das Supply-Chain-Risiko-Management umfasst den ganzheitlichen Prozess, Risiken entlang der Lieferkette zu identifizieren, zu bewerten und zu minimieren. Beim Supply-Chain-Risiko-Management werden durch transparente Daten der gesamten Lieferkette, Probleme, z. B. Naturkatastrophen oder Streiks, frühzeitig sichtbar. Diese detaillierte Modellierung von Lieferketten und die Option, den Einfluss von Störfaktoren auf die Kette zu simulieren, ermöglicht es potenzielle Lieferstörungen rechtzeitig zu erkennen und entsprechende Risiken abzumildern.

21. **Finanzielles Risiko-Management** Implementierung: mittel; Ergebniseinfluss: niedrig

Neben dem physischen Fluss der Produkte, dem sich das Supply-Chain-Risiko Management widmet, sollte auch die finanzielle Stabilität der bedeutenden und kritischen Lieferanten fortlaufend kontrolliert werden. Dies kann geschehen, indem das Kreditrating der A-Lieferanten überprüft wird – möglicherweise kombiniert mit weiteren Detailchecks und Vorsichtsmaßnahmen, wenn Risiken aufgedeckt werden.

22. **Optimierung Source-to-Contract-Prozess** Implementierung: mittel; Ergebniseinfluss: niedrig

Sourcing Projekte können sich manchmal über Monate hinziehen. Eine Modellierung des Source-to-Contract- Prozessflusses und die Ableitung von Verbesserungspotenzialen bietet die Chance einer deutlichen Forcierung der Projektgeschwindigkeit bei gleichzeitiger Regelkonformität – hin zu einem „Speed-Sourcing“. Neben der Prozessanalyse kann die Beschleunigung natürlich auch durch eine stärkere Datennutzung und Automatisierung unterstützt werden.

23. **Optimierung Purchase-to-Pay-Prozess** Implementierung: mittel; Ergebniseinfluss: niedrig

Schon heute optimieren viele Unternehmen ihren Purchase-to-Pay-Prozessfluss, um diesen zu verschlanken und zu verbessern. Zudem werden die Prozesse des operativen Einkaufs analysiert, um Abweichungen vom anvisierten Standard zu identifizieren. Vielfach wird dabei sogenannte Process-Mining-Software eingesetzt.

Beim Process-Mining werden Prozessdaten, wie man sie insbesondere in ERP-Systemen findet, genutzt, um Prozesse zu analysieren und zu managen. Process-Mining nutzt häufig Visualisierungsmethoden, um Prozessflüsse besser aufzuzeigen. Zudem lassen sich wichtige Prozesskennzahlen, wie z. B. die durchschnittliche Durchlaufzeit eines Prozesses berechnen und Veränderungen im Prozessfluss simulieren. Wie würde sich die Prozessgeschwindigkeit verbessern, wenn man von zwei Genehmigungsschritten auf nur einen Genehmigungsschritt zurückgeht? Welche Auswirkungen hat es, wenn man auf Genehmigungsprozesse für kleinere Beträge unter einem

Alter Prozess

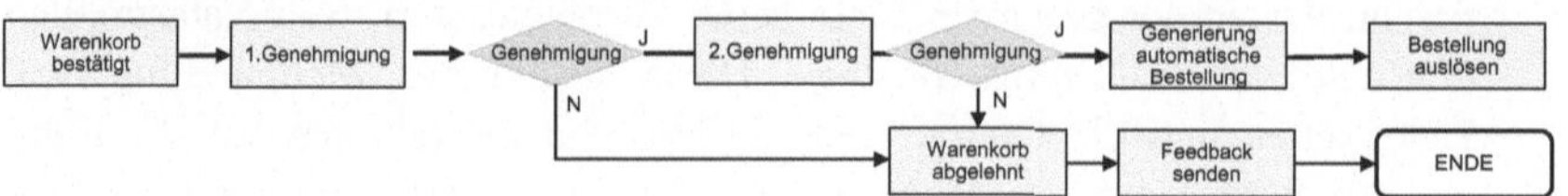

Optimierter neuer Prozess

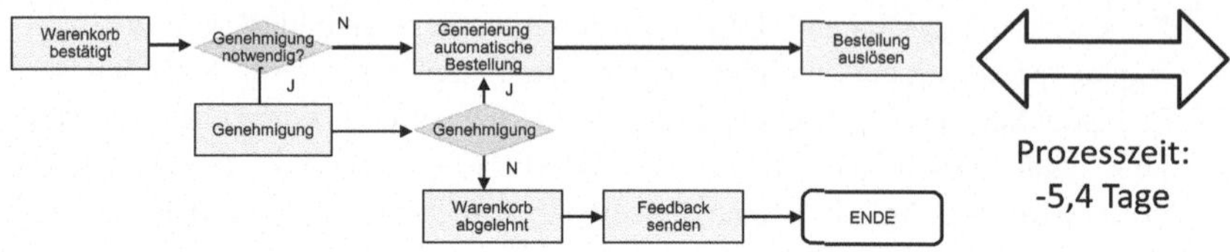

Abb. 6.2: Beispielhafte Prozessoptimierung eines Purchase-to-Pay-Prozessteils

Schwellenwert gänzlich verzichtet? Eine solche Prozessoptimierung (vgl. Abb. 6.2) hat natürlich neben der positiven Effizienz auch eine positive Auswirkung auf die Außenwahrnehmung der Beschaffung und die Kundenzufriedenheit.

24. **Automatisierung Berichtswesen** Implementierung: leicht; Ergebniseinfluss: niedrig
Viele Einkaufsberichte lassen sich bei umfassender und qualitativ guter Datenlage mit Befehlen und Algorithmen automatisieren. Dafür müssen wichtige Kennzahlen definiert sein, die Datenquellen automatisch ausgelesen werden und die Berechnung von Kennzahlen mit Formeln hinterlegt sein. Außerdem sollte die Erstellung gut durchdacht werden, damit die Reporte visuell möglichst ansprechend sind und die Kommunikation fördern.

25. **Verbessertes Berichtswesen** Implementierung: mittel; Ergebniseinfluss: niedrig
Neben der Automatisierung von bestehenden Berichten ist es auch bedeutsam, die Qualität der Reporte zu verbessern. Dabei sollten, basierend auf den vergangenheitsbezogenen Kennzahlen, die Ableitung von Trends, Prognosen und automatischen Frühwarnmechanismen geschaffen werden.

26. **Talentauswahl** Implementierung: schwer; Ergebniseinfluss: mittel
Eine weitere interessante Idee ist es, Daten auch stärker bei der Mitarbeiterauswahl und Teamzusammenstellung zu nutzen. So könnten Stellenbeschreibungen optimiert und Teams mit komplementären Fähigkeiten

entsprechend zusammenstellt werden. Die Verfolgung dieses Anwendungsfalles bedarf einer engen Abstimmung mit der Personalabteilung.

27. **Compliance Tracking** Implementierung: mittel; Ergebniseinfluss: mittel
Große Datenmengen ermöglichen eine schnelle Identifizierung von Anomalitäten in Zahlungsströmen oder Prozessen sowie entsprechende Initiation von Folgeaktivitäten. Eine mögliche Kontrolle ist z. B. die Ausnutzung des Benfordschen Gesetzes, wonach bei Finanzzahlen Anfangsziffern mit zahlenmäßig niedrigerem Wert, z. B. „1" statistisch häufiger auftreten als Anfangsziffern mit höherem Wert, z. B. „9". Zum Compliance Tracking gehört auch die Sicherstellung, dass keine Lieferanten oder Lieferanten-Manager auf einer der vielen offiziellen Sanktionslisten stehen („Denied Party Screening").

28. **Umfassende TCO-Modelle** Implementierung: schwer; Ergebniseinfluss: hoch
Die ganzheitliche Kostenbetrachtung, die nicht nur den Preis eines einzelnen Produktes, sondern alle zusammenhängenden Lebenszykluskosten betrachtet, ist mittlerweile ein Beschaffungsstandard. Solche sogenannten Total-Cost-of-Ownership-Modelle können dabei zunehmend detailliert werden. Dafür ist ein tiefes Verständnis von Kostenrelationen notwendig. Beispielsweise könnte man die Total Cost of Ownership (TCO) von Druckern, die sich in erster Linie aus dem Preis des Druckers und den Tonerkosten berechnen, um die Kosten von IT-Hotline-Anrufen zu Druckerproblemen ergänzen. Leider fehlt bislang heute noch die notwendige Transparenz, um solche detaillierteren TCO-Konzepte zu modellieren.

29. **Kundenzufriedenheitstreiber verstehen** Implementierung: mittel; Ergebniseinfluss: mittel
Viele Unternehmen messen heute nicht nur die Zufriedenheit der externen Kunden, sondern versuchen auch die Interaktionen der verschiedenen internen Bereiche innerhalb des Unternehmens mit Kundenzufriedenheitsmessungen zu analysieren. Dies kann z. B. durch eine jährliche Kundenzufriedenheitsbefragung geschehen oder durch fortlaufende Net-Promoter-Score-Erhebungen. Durch eine umfangreiche Datensammlung und Datenanalyse können zielgenaue Aktionen abgeleitet werden, die besonders dazu beitragen, die interne Kundenzufriedenheit zu erhöhen. Dies hilft, um die Akzeptanz der Beschaffung insgesamt zu verbessern.

30. **CSR-Analysen der Lieferkette** Implementierung: mittel; Ergebniseinfluss: niedrig
Die Bedeutung von Nachhaltigkeit und Corporate Social Responsibility (CSR) hat für Unternehmen in den vergangenen Jahren stetig zugenommen.

Vor dem Hintergrund einer bereits starken Regulierung von Nachhaltigkeits-
themen in der Europäischen Union, ist das größte Risiko für Unternehmen
heute im grenzüberschreitenden Einkauf mit Schwellenländern zu sehen
(Zeisel 2020). Big Data kann hier eine bessere Transparenz schaffen, indem
man Lieferketten – auch mehrstufig – modelliert, zertifiziert und ggf. auf-
tretende Probleme nachverfolgt.

6.2   Diagnosefragebogen zu Big Data in der Beschaffung

Was ist der Startpunkt für die Implementierung von Big-Data-Anwendungsfällen?
Um ein Gefühl dafür zu entwickeln, wo die eigene Beschaffung in Bezug auf
Big Data steht, kann der folgende Fragebogen weiterhelfen, der systematisch die
Grundpfeiler von Strategie, Datenzugang, analytischen Fähigkeiten sowie Team-
kompetenzen abprüft. Bei einer Punktevergabe zwischen (1) bei nicht zutreffenden
Aussagen bis (5) für volle Übereinstimmung, ergeben sich nach der Beantwortung
der 29 Fragen folgende Abstufungen (Abb. 6.3):

- bis 57 Punkte: Basis
- 58–86 Punkte: Durchschnitt
- 87–115 Punkte   Fortgeschritten
- 116–145 Punkte   Spitzenreiter

Basierend auf einer fundierten Einschätzung der Ausgangslage können dann
Strategien zur Implementierung von Big-Data-Anwendungen abgeleitet werden.

6.3   Entwicklungspfade der Big-Data-Anwendungen

Manchmal verfügt ein Unternehmen bereits über gute Daten im Beschaffungs-
bereich, es fehlen aber Daten aus einigen anderen Unternehmensfunktionen.
Vielleicht ist die Lieferkette noch nicht hinreichend transparent oder es
wurden auch noch keine externen Datenquellen erschlossen. Eine Analyse der 30 Big-Data-Anwendungen ergibt, dass nicht alle Anwendungen das
komplette Big Data Warehouse benötigen. Vielfach kann man schon im kleinen
Umfang mit wertschöpfenden Anwendungen beginnen – einer sogenannten
Small-Data-Vorgehensweise. Häufig verfügt die Beschaffung über erste analytische Anwendungserfahrungen, z. B. beim Spend Cube. Auch darauf ließe

	Stimme überhaupt nicht zu	Stimme nicht zu	Weder noch	Stimme zu	Stimme vollkommen zu
	(1)	(2)	(3)	(4)	(5)
Grundpfeiler Big-Data-Strategie					
Das Gesamtunternehmen verfügt über eine Big-Data-Strategie	☐	☐	☐	☐	☐
Die Beschaffung verfügt über eine Big-Data-Strategie (die sich aus der Gesamtunternehmensstrategie ableitet)	☐	☐	☐	☐	☐
Grundpfeiler Big Data Warehouse für die Beschaffung					
Die Beschaffung verfügt über eine Source-to-Contract-Suite	☐	☐	☐	☐	☐
Die Beschaffung verfügt über ein Procure-to-Pay-System	☐	☐	☐	☐	☐
Die Beschaffung verfügt über weitere ergänzende IT-Systeme (z. B. Einsparmessung, SRM, CSR, Risiko-Management)	☐	☐	☐	☐	☐
Die Beschaffung hat Zugriff auf Daten der Forschung & Entwicklung, z. B. CAD-Daten	☐	☐	☐	☐	☐
Die Beschaffung hat Zugriff auf Daten der Produktion	☐	☐	☐	☐	☐
Die Beschaffung hat Zugriff auf Daten des Finanzbereichs, z. B. die Budgetplanung	☐	☐	☐	☐	☐
Die Beschaffung hat Zugriff auf Personaldaten (insb. für den eigenen Bereich)	☐	☐	☐	☐	☐
Die Beschaffung hat Zugriff auf relevante Daten des Marketing & Vertriebs	☐	☐	☐	☐	☐
Die Beschaffung tauscht intensiv Daten in Richtung der Lieferanten aus	☐	☐	☐	☐	☐
Die Beschaffung tauscht intensiv Daten in Richtung der Kunden aus	☐	☐	☐	☐	☐
Die Beschaffung nutzt Daten von Behörden (z. B. Statistisches Bundesamt)	☐	☐	☐	☐	☐
Die Beschaffung nutzt Daten von Informationsdienstleistern (z. B. Creditreform, Dun & Bradstreet, LexisNexis)	☐	☐	☐	☐	☐
Die Beschaffung nutzt Internetdaten (z. B. Webseiten von Lieferanten, Jahresabschlussberichte, Social-Media-Daten)	☐	☐	☐	☐	☐
Grundpfeiler Data Science in der Beschaffung					
Die Beschaffung nutzt spieltheoretische Verfahren, z. B. für Verhandlungen	☐	☐	☐	☐	☐
Die Beschaffung nutzt (lineare) Optimierung, z. B. für Vergabeentscheidungen	☐	☐	☐	☐	☐
Die Beschaffung nutzt Regressionsanalysen, z. B. im Rahmen des Linear Performance Pricing	☐	☐	☐	☐	☐
Die Beschaffung nutzt Klassifikationsmethoden, z. B. für die Segmentierung von A-Lieferanten	☐	☐	☐	☐	☐
Die Beschaffung nutzt Text Mining, z. B. bei der Beurteilung von Angeboten	☐	☐	☐	☐	☐
Die Beschaffung nutzt Graphentheorie, z. B. beim Process-Mining	☐	☐	☐	☐	☐
Die Beschaffung nutzt Assoziationsregeln, z. B. bei der Katalogoptimierung	☐	☐	☐	☐	☐
Die Beschaffung nutzt Visualisierungsmethoden, z. B. beim Reporting	☐	☐	☐	☐	☐
Grundpfeiler Fähigkeiten des Beschaffungsteams					
Die Mehrzahl der Mitarbeiter in der Beschaffung verfügen über einen akademischen Abschluss	☐	☐	☐	☐	☐
Alle Mitarbeiter verfügen über gute IT-Kenntnisse (insbesondere Microsoft Excel)	☐	☐	☐	☐	☐
Ein Drittel der Mitarbeiter in der Beschaffung verfügt über tiefgehende IT-Kenntnisse (z. B. in Datenbanken, Programmierung)	☐	☐	☐	☐	☐
Die Mitarbeiter verfügen in der Regel über die Fähigkeit, sich abteilungsübergreifend zu vernetzen und fachübergreifende Projekte zu leiten	☐	☐	☐	☐	☐
In der Beschaffung herrscht eine datengetrieben Kultur - emotionale Bauchentscheidungen sind die absolute Ausnahme	☐	☐	☐	☐	☐
Die Beschaffung ist von Veränderungen geprägt, Mitarbeiter sind flexibel, offen für Neues und Trainings sowie Weiterbildung sind fest in der Kultur verankert	☐	☐	☐	☐	☐

Abb. 6.3 Diagnosefragebogen zu Big Data in der Beschaffung

sich möglicherweise aufbauen. Wenngleich es sich beim Ausgabevolumen gefühlsmäßig um recht große Datenmengen handelt, würde es in der Big-Data-Welt trotzdem eher als Small-Data-Vorgehensweise zu qualifizieren sein.

Die Anzahl von möglichen Big-Data-Anwendungen in der Beschaffung nimmt mit der Anzahl der berücksichtigten Datenquellen zu. Kann man mit Einkaufsdaten allein bereits 7 analytische Anwendungen nutzen, steigt die Zahl bei dem Hinzunehmen von komplementären Unternehmensdaten um weitere 8 auf 15 Anwendungen. Bei der Nutzung von relevanten Daten der lieferanten- und kundenseitigen Supply Chain erhöht sich die Anzahl auf 20. Beim weiteren Gebrauch von zusätzlichen externen Datenprovidern kommt man auf die volle Zahl von 30 möglichen Anwendungsfällen. Insbesondere mit einer Small-Data-Vorgehensweise kann man erste Ergebnisse erzielen (Quick Wins) und Vertrauen sowie Erfahrung für die weiteren Schritte sammeln. Auch wenn es mache Limitationen gibt, die z. B. aus der regelmäßig rückwärtsgewandten Perspektive resultieren und es einem Einkaufsleiter nur bedingt ermöglichen, einer modernen Beratungsrolle gerecht zu werden, macht eine solche Vorgehens-weise durchaus Sinn. Als erste Anwendungsfälle bieten sich somit die Spend-Cube- Optimierung, die Ausschreibungsoptimierung, die Vertragsanalyse, die Maverick-Spend-Analyse, die Optimierung des Source-to-Contract-Prozesses und des Purchase-to-Pay-Prozesses sowie die Automatisierung des Berichtswesens in der Beschaffung an.

„Prognosen sind schwierig, besonders wenn sie die Zukunft betreffen." Bezieht man dieses geflügelte Wort, das diversen Persönlichkeiten zugeschrieben wird – mal Mark Twain, mal Winston Churchill und mal Kurt Tucholsky oder Niels Bohr – auf Big Data in der strategischen Beschaffung, darf man sicher die Prognose wagen, dass dieses Thema zunehmend an Relevanz gewinnen wird. Die Frage ist nur wie schnell? Big Data und Data Science befinden sich in der Beschaffung noch in den Anfängen. Umso mehr gibt es Chancen, bei einem frühzeitigen Einsatz, Wettbewerbsvorteile für das eigene Unternehmen zu generieren und die Beschaffungsfunktion innerhalb des Unternehmens prominenter zu vertreten. Die Beschaffung ist somit eine sehr wichtige Funktion zur Umsetzung von Big Data. Hinzu kommt, dass man bereits erste analytische Methoden in kleinerem Umfeld umsetzen kann, sobald die Digitalisierung erfolgreich durchgeführt wurde. Langfristig gilt es, solide Big-Data-Grundlagen zu bauen. Dazu gehören insbesondere das Big Data Warehouse für die strategische Beschaffung, die Data-Science-Kompetenz und Big-Data- affine Beschaffungsteams, die sich zudem auch noch erfolgreich mit den weiteren Fachabteilungen vernetzen.

S. Zeisel, *Big Data und Data Science in der strategischen Beschaffung,* essentials, https://doi.org/10.1007/978-3-658-31202-2_7

Was Sie aus diesem *essential* mitnehmen können

- Einblick in Big Data in der strategischen Beschaffung
- Kenntnis der wichtigsten Datenquellen für ein Big Data Warehouse für den Einkauf
- Überblick über die wichtigsten Data-Science-Methoden für die Beschaffung
- Verständnis auf die Auswirkung auf die Beschaffungmitarbeiter
- 30 konkrete praxisnahe Anwendungsfälle von Big Data für die Beschaffung
- Selbstdiagnose zu Big Data für das eigene Unternehmen

Literatur

Bartholomae, Florian W. und Marcus Wiens. 2016. Spieltheorie. Ein anwendungs-orientiertes Lehrbuch, 1. Aufl. Wiesbaden: Springer Gabler.

BME e. V. 2019. BIP eSolutions Report 2019. 7. Jahrgang.

Chen, Min, Shiwen Mao und Yunhao Liu. 2014. Big Data: A Survey. Mobile Networks & Applications 19: 171–209.

Debortoli, Stefan, Oliver Müller und Jan Vom Brocke. 2014. Vergleich von Kompetenz-anforderungen an Business-Intelligence- und Big-Data-Spezialisten: Eine Text-Mining-Studie auf Basis von Stellenausschreibungen. Wirtschaftsinformatik <Wiesbaden> 56 (5): 315–328.

DXC Technology. 2018. Top 5 Ziele der digitalen Agenda. https://cdn1.vogel.de/unsafe/fit-in/1000x0/images.vogel.de/vogelonline/bdb/1341000/1341077/original.jpg. Zugegriffen: 19. April 2020.

Geraint, John. 2016. How procurement can harness big data analytics. http://www.scmworld.com/how-procurement-can-harness-big-data-analytics/. Zugegriffen: 19. April 2020.

Hertweck, Dieter und Martin Kinitzki. 2015. Datenorientierung statt Bauchentscheidung: Führungs- und Organisationskultur in der datenorientierten Unternehmung. In Praxis-handbuch Big Data : Wirtschaft – Recht – Technik, 15–32. Wiesbaden: Springer Gabler.

Högel, Martin, Wolfgang Schnellbächer, Robert Tevelson und Daniel Weise. 2018. Delivering on Digital Procurement's Promise.

Huberty, Mark. 2015. Awaiting the second big data revolution: From digital noise to value creation. Journal of industry, competition and trade 15 (1): 35–47.

Ji, Guojun. 2017. A study on decision-making of food supply chain based on big data.

Kleemann, Florian C. und Andreas Glas. 2017. Einkauf 4.0. Digitale Transformation der Beschaffung, 1. Aufl. essentials. Wiesbaden: Springer Fachmedien Wiesbaden.

Koch, A., W. Muschinski und S. Zeisel. 2017a. Beschaffungsdigitalisierung im Mittelstand. BIP – Best in Procurement (Ausgabe 5, September/Oktober): S. 50.

Koch, Alexander, Willi Muschinski und Stefan Zeisel. 2017b. Weniger „Hidden" mehr „Champion": Einkauf im Mittelstand. Beschaffung aktuell (Mai): S. 22–25.

Lanquillon, Carsten und Hauke Mallow. 2015. Advanced Analytics mit Big Data. In Praxishandbuch Big Data : Wirtschaft – Recht – Technik, 55–89. Wiesbaden: Springer Gabler.

LaValle, Steven Michael, Eric Lesser, Rebecca Shockley, Michael S. Hopkins und Nina Kruschwitz. 2011. Big data, analytics and the path from insights to value. MIT sloan management review 52 (2): 21–32.

Manyika, James, Michael Chui, Brown Brad, Jacques Bughin, Richard Dobbs, Charles Roxburgh und Angela Hung Byers. 2011. Big data: The next frontier for innovation, competition, and productivity.

Nguyen, Truong, Li Zhou, Virginia Spiegler, Petros Ieromonachou und Yong Lin. 2018. Big data analytics in supply chain management: A state-of-the-art literature review. Computers & operations research : and their applications to problems of world concern : an international journal 98 (2018): 254–264.

Nouguès, Xavier, Thierry Mennesso, Steve Scemama und Denis Di Vito. 2017. Digital Procurement. From myth, to unleashing the full potential.

Nowosel, Kai, Abigail Terrill und Kris Timmermans. 2015. Procurement's Next Frontier. The Future Will Give Rise to an Organization of One.

Pellengahr, Karolin, Axel T. Schulte, J. Richard und M. Berg. 2016. Einkauf 4.0. Die Digitalisierung wird den Einkauf verändern.

Trent, Robert J. und Robert M. Monczka. 1998. Purchasing and Supply Management: Trends and Changes Throughout the 1990s. International Journal of Purchasing and Materials Management 34 (4): 2–11.

Weise, Daniel und Stefan Zeisel. 2017. Controlling und Einkauf: Erfolgreich in die Zukunft führen. In Controlling und Leadership, 215–231. Wiesbaden: Springer Gabler.

Zeisel, Stefan. 2018a. Der Source-to-Pay-Prozess als Shared Service. Controlling & management review : Zeitschrift für Controlling & Management 62 (7): 56–61.

Zeisel, Stefan. 2018b. Einsparmessung im Einkaufs-Controlling. Controlling : Zeitschrift für erfolgsorientierte Unternehmenssteuerung 30 (3): 35–38.

Zeisel, Stefan. 2020. Is sustainability a moving target? A methodology for measuring CSR dynamics. Corporate Social Responsibility and Environmental Management 27 (1): 283–296. https://doi.org/10.1002/csr.1805.